中国儿童核心素养培养计划

课后半小时 小学生阶段阅读

文化基础 × 自主发展 × 社会参与

万能数学

课后半小时编辑组 ■ 编著

探索世界的工具箱

001

北京理工大学出版社
BEIJING INSTITUTE OF TECHNOLOGY PRESS

核心素养之旅

Journey of Core Literacy

中国学生发展核心素养，指的是学生应具备的、能够适应终身发展和社会发展的必备品格和关键能力。简单来说，它是可以武装你的铠甲、是可以助力你成长的利器。有了它，再多的坎坷你都可以跨过，然后一路登上最高的山巅。怎么样，你准备好开启你的核心素养之旅了吗？

文化基础

科学基础

- 第1天 万能数学•数学思维
- 第2天 地理世界：观察能力　地理基础
- 第3天 物理现象：观察能力　物理基础
- 第4天 神奇生物：观察能力　生物基础
- 第5天 奇妙化学：理解能力　想象能力　化学基础

科学精神

- 第6天 寻找科学：观察能力　探究能力
- 第7天 科学思维：逻辑推理
- 第8天 科学实践：探究能力　逻辑推理
- 第9天 科学成果：探究能力　批判思维
- 第10天 科学态度：批判思维

人文底蕴

- 第11天 美丽中国：传承能力
- 第12天 中国历史：人文情怀　传承能力
- 第13天 中国文化：传承能力
- 第14天 连接世界：人文情怀　国际视野
- 第15天 多彩世界：国际视野

自主发展

学会学习

- 第16天 探秘大脑：反思能力
- 第17天 高效学习：自主能力　规划能力
- 第18天 学会观察：观察能力　反思能力
- 第19天 学会应用：自主能力
- 第20天 机器学习：信息意识

健康生活

- 第21天 认识自己：抗挫折能力　自信感
- 第22天 社会交往：社交能力　情商力

社会参与

责任担当

- 第23天 国防科技：民族自信
- 第24天 中国力量：民族自信
- 第25天 保护地球：责任感　反思能力　国际视野

实践创新

- 第26天 生命密码：创新实践
- 第27天 生物技术：创新实践
- 第28天 世纪能源：创新实践
- 第29天 空天梦想：创新实践
- 第30天 工程思维：创新实践

总结复习

- 第31天 概念之书

卷首

FINDING 发现生活

EXPLORATION 上下求索

COLUMN 青出于蓝

THINKING 行成于思

卷首

数学藏在我们的生活中

对你来说，“数学”这个词，一定不陌生吧。在你的心里，什么是数学呢？是课本里密密麻麻的数字，是逃也逃不掉的运算符号，还是各种各样的几何图形呢？我不得不说，你一定把数学看得“狭隘”了。

对于我来说，数学并不是一个枯燥、无聊的学科，数学其实一直都在我的生活中，当然啦，它也一直都在你的生活中。你想想看，买菜的时候、吃饭的时候、玩游戏的时候，是不是总是在无意识地运用数学知识？其实，数学离我们的生活很近很近，它并不是一个藏在象牙塔里、脱离现实的学科。数学从最开始，就产生于人类的实践生活中。

远古时期的人类依靠狩猎存活，他们需要感知猎物的数量，于是人们根据事物的多少，认识了“数”，而且在先秦典籍中，就有“隶首作数”“结绳记事”的记载。无论是丈量土地，还是买进卖出，“数”都大大方便了人们的生产和生活。在仰韶文化时期，人们就开始在彩陶上绘制各种各样的图形，对于美的追求，让最直观的几何知识出现在了生活中。就这样，数学在历史长河中“脱颖而出”。到了秦汉时期，数学进一步发展，算术已经成了一个专门的学科。这一时期，最著名的作品当属成书于东汉初年的《九章算术》，它依旧侧重对数学的实践和应用，总结了许多生产生活中的数学知识，比如它记载了各种粮食之间互换的比率。后来刘徽创造割圆术、祖冲之发现圆周率，等等，这些中国古代的数学成就都领先于世界。到了现代社会，数学也藏在我们的衣食住行当中，它已经渗透到了人类生活的各个角落里。

所以你看，尽管数学是一切自然科学的基础，但是它并没有把自己束之高阁；尽管数学是科技进步的强大引擎，但是它依旧存在于我们的生活之中。

数学和无数个数学家们一步一个脚印，慢慢地从日常生活走到前沿科技，耐心地解决了那么多大大小小的问题。而学习数学的旅途，就像他们一样，由简到难，从我们丰富而有趣的生活中发现学习数学的乐趣、感悟数学的实用，然后带着这份弥足珍贵的喜爱，走向真正属于你和数学的未来。

郭柏灵
中国科学院院士，数学家，计算数学家

豆腐「切切乐」

撰文：波奇

买豆腐的时候，可是会用上数学的！

豆腐有着很悠久的历史，味美而养生，说它是中华传统美食都不为过。可是你有没有发现，很多人买豆腐的时候，都不是直接买走一整块豆腐，而是要摊主帮忙切一下。这是因为，豆腐这种东西虽然好吃，但是并不耐放，所以大家都是吃多少就买多少。

你看，一块1千克的豆腐平均切成两半，就变成两块0.5千克的豆腐了。如果把0.5千克的豆腐平均切成两半，就可以得到两块0.25千克的豆腐。如果你是买主，你会怎么告诉卖豆腐的摊主呢？是一步一步地“指挥”他切豆腐，还是直接告诉他要四分之一块豆腐呢？

▶延伸知识

豆腐

相传西汉时期，淮南王刘安的母亲喜欢吃黄豆，可是有一次她生病了，不能吃整粒的黄豆，于是淮南王就让人把黄豆磨成粉，怕粉太干，便加了水制作成了豆乳，后来又加了些盐卤增味儿，结果就做出来一碗块状的东西，刘安把这种块状的东西取名为“豆腐”，豆腐也就自此流传了下去。

图形到处都是

撰文：豆豆菲

你看，天空中的飞机，远远看过去，它们就像是一个个的点；飞机飞着飞着，还会在天上拉出一条长长的飞机线；而我们走在大地上，像是走上了一个平面，但是地面并不是一直都是平着的，那种凹凸不平的地面就是一个曲面！不仅如此，你随手拿一支笔，是不是能在上面看到许许多多的图形？有圆形、长方形……除了平面的图形，还有立体的图形，我们平时吃到的蛋糕、饼干，就是用不同的模具做出来的，它们都长得不一样，都是不一样的图形。所以说，这个世界上到处都是图形啊！

你要是不信，你自己也去看看，你一定能看到很多图形的！

万物皆数

撰文：豆豆菲

数学家毕达哥拉斯曾说“万物皆数”，世界上的一切都是由“数”构成的。你可能想说，我只看到太阳、树木、汽车就好了，为什么要管它们的数量呢？不管可不行……

狮子会记住自己有多少个同伴，和别的狮群发生冲突的时候，根据感知到的对方数量，决定是撤退还是反抗；小猴子也有这个能力，它们可以感知到哪棵树上果子更多，这样它们才能选择果子更多的那棵树，然后尽情吃大餐。生活中，我们常常也会无意或有意地感受到“数”的存在：春天去公园里玩，你会不会在某一天突然发现，盛开的花朵变多了？吃饭的时候，会不会觉得今天的肉比昨天要多？

所以你看，我们要在意这些“数量”，它们和我们的生活可是息息相关呢。

主编有话说

你知道用什么表示数量吗？没错，就是数字符号。我们现在使用的数字符号叫作阿拉伯数字，它是全球通用的。往前追溯，在几大古文明中，都早早出现了各自用来表示数量的数字符号。

阿拉伯数字	1	2	3	4	5	6	7	8	9
古埃及数字	I	II	III	IIII	III II	III III	IIII III	IIII IIII	III III III
古罗马数字	I	II	III	IV	V	VI	VII	VIII	IX

古人是这样记数的

撰文：Spacium

现在，我们学会计算只需要一两年，可古人却花费了几千年，甚至上万年的时间。上古时期，人们没有数字的概念，那么需要记数的时候怎么办呢？最初，有人发明了用绳子打结的方式来记数。比如，要记下两个野果，就在一条绳子上打两个结。这种方法，叫作结绳记数。

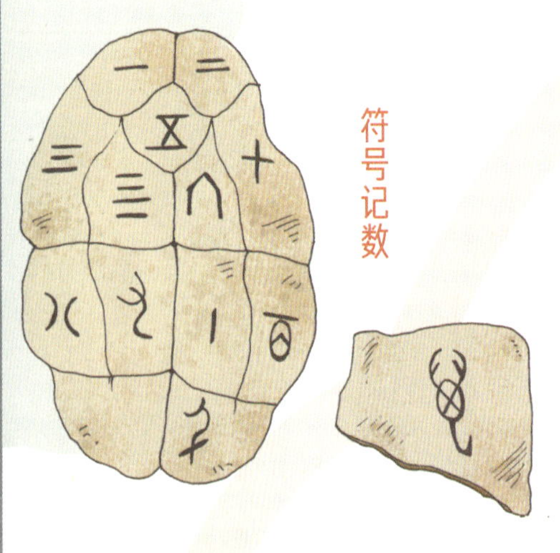

渐渐地，人们需要记的数目越来越大，成百上千，甚至上万，再用结绳和刻木的方式记数可就太费劲儿了。于是，人们想出用特定的符号来表示特定的数字。商朝时期就已经有了一套成型的数字，叫甲骨文数字。

人们用符号来记数，是一个重大的进步。这不仅可以方便人们记更庞大的数目，同时还形成了十进制。这是后来人们记数和计算，乃至数学不断发展的基础。

结绳的方法虽然可以记数，但不方便，打起结来会耗费时间。于是人们又想出了一个办法，用在木头上刻痕的方式来记数。比如，需要记一件东西，就在木头上刻上一道痕，这种方式叫作刻木记数。

刻木记数

摆木棍记数

2000 多年前，我国古人就使用了摆木棍的方法来记数。你可能已经知道了，这种方法就是算筹。用算筹进行记数和计算，叫筹算。

算筹只是一些小木棍，怎么用它们表示不同的数字来进行计算呢？

你玩过火柴棍数字游戏吗？也就是用一根根火柴摆成不同的数字。算筹和火柴棍数字很相似。看，下面就是用算筹摆成的 1 到 9 这九个数字。

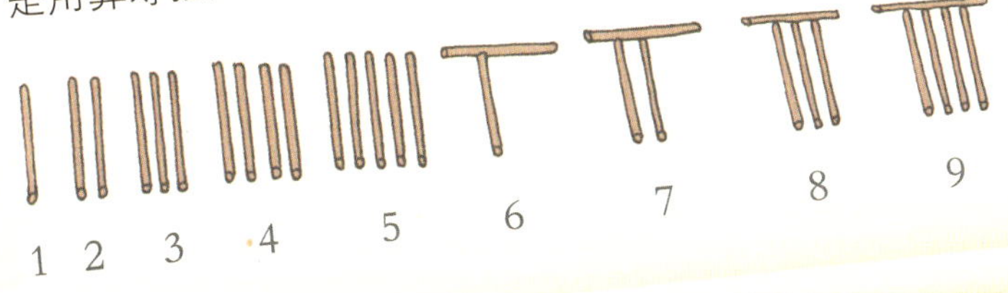

奇妙的数感

撰文：波奇

感知数量是我们应具备的技能，但有些时候，这并不是一件容易的事儿。现在的道路上有自行车、摩托车和汽车，你能一眼看出哪种交通工具多，哪种交通工具少吗？

我们来**数一数**，自行车一共有 10 辆，摩托车一共有 7 辆，汽车一共有 9 辆，现在你知道哪种交通工具最多了吗？你看，我们用三种颜色的圆球来代表这三种交通工具，绿色的球代表自行车，黄色的球代表摩托车，蓝色的球代表汽车。我们把圆球全都放在这些容器里面……啊，你看，自行车的数量是最多的，摩托车的数量是最少的！

主编有话说

数数，是了解数量多少的最直接的办法。在数数时，每个数量都有了自己对应的名字，这就是数字，比如“1”就表示一个，是数数的开端。说到数字，有一个很神奇的事情，就是我们可以用 0~9 这 10 个基本数字组合出所有的数来表示出所有的数量！你知道这是怎么做到的吗？往后看吧！

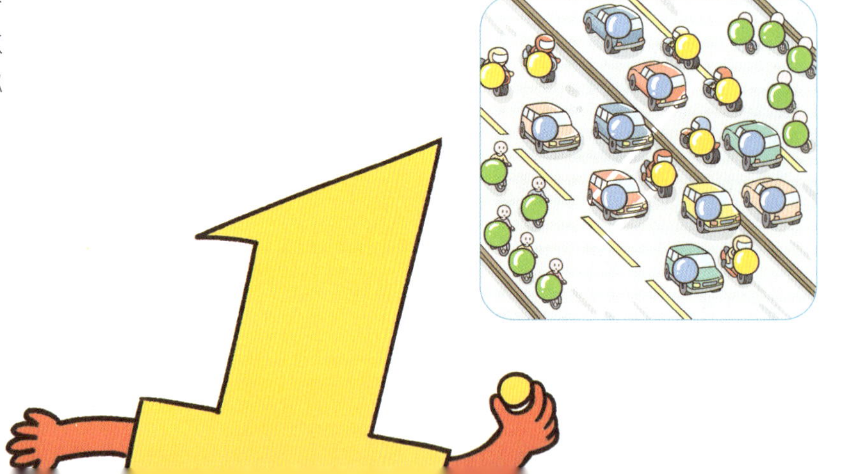

进位，进位，向前进位！

撰文：豆豆菲

怎么用 0~9 这 10 个数字组合出所有的数呢？
我们一起去铅笔加工厂找找答案吧！

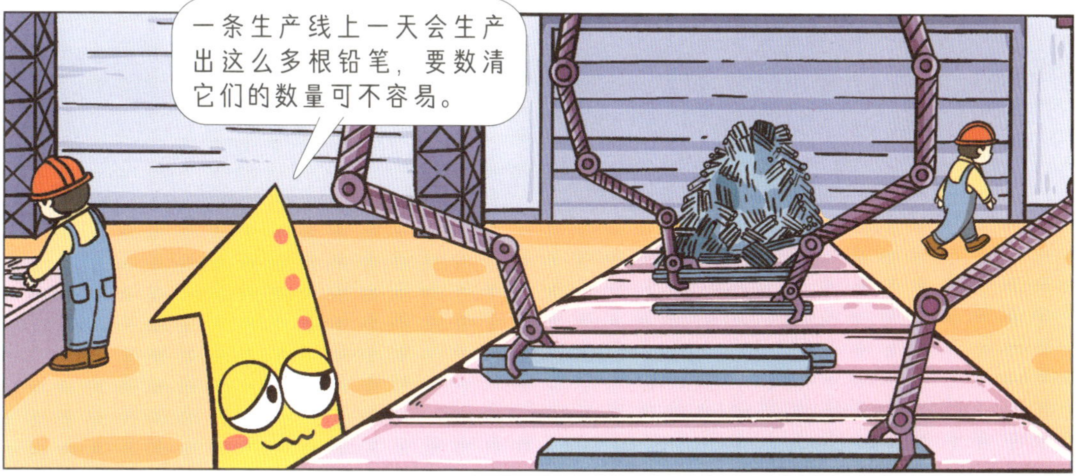

在包装车间里，一根根铅笔会被装进盒里，每到放入第十根铅笔的时候，一个纸盒就装满了。因此，1盒铅笔等于10根铅笔。

这就像数数的时候，每数到10，需要前进到十位。因此，十位上的1等于10。

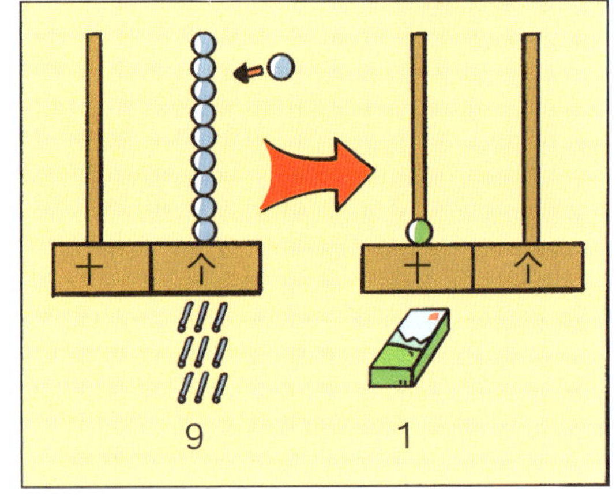
十
个
9
十
个
1

接着，一盒盒铅笔会被装进袋里，每到放入第十盒的时候，一个纸袋就装满了。因此，1袋铅笔等于10盒铅笔，又等于100根铅笔。

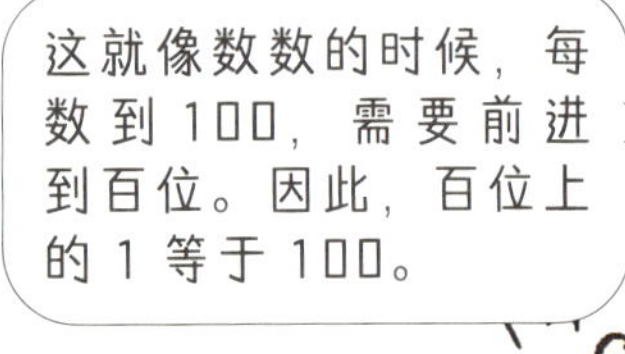
这就像数数的时候，每数到100，需要前进到百位。因此，百位上的1等于100。

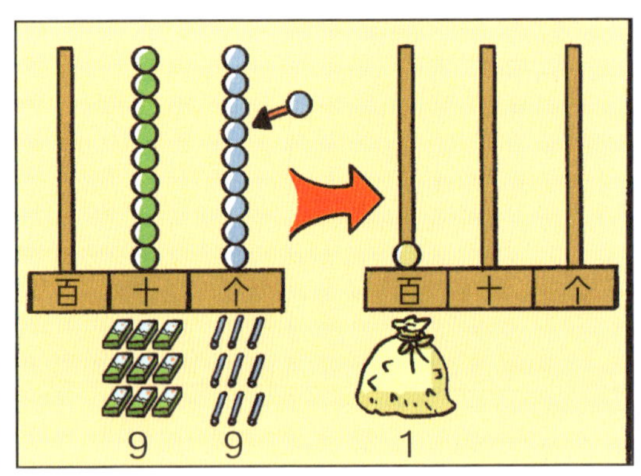
百
十
个
9
9
百
十
个
1

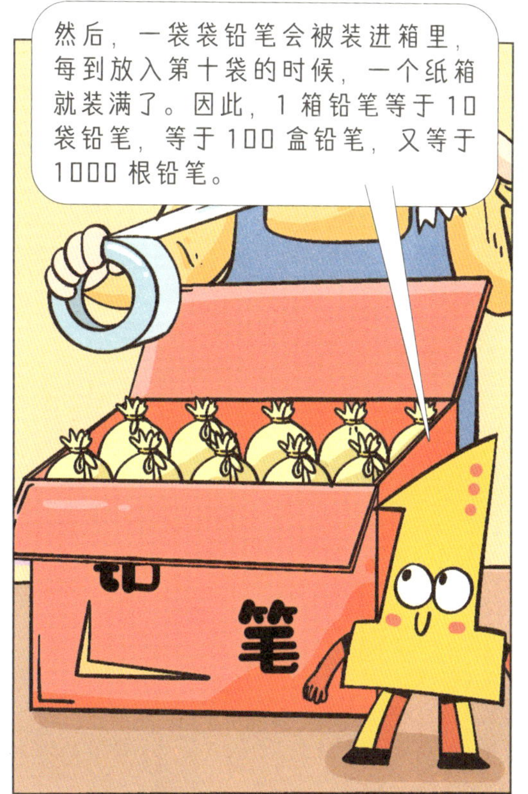
然后，一袋袋铅笔会被装进箱里，每到放入第十袋的时候，一个纸箱就装满了。因此，1 箱铅笔等于 10 袋铅笔，等于 100 盒铅笔，又等于 1000 根铅笔。
铅
笔

这就像数数的时候，每数到 1000，需要前进到千位。因此千位上的 1 等于 1000。

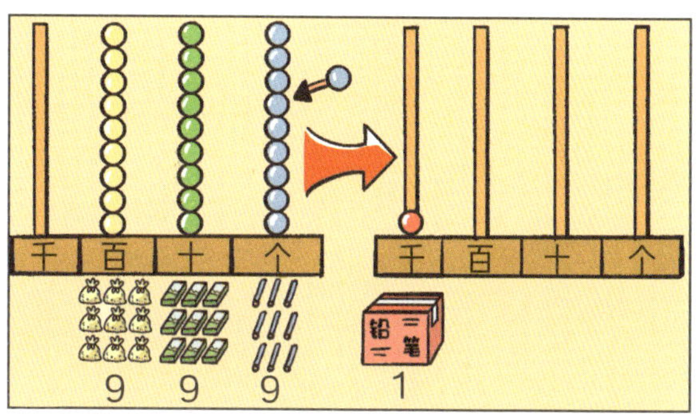
千 百 十 个
千 百 十 个
9 9 9
1

总结一下：千位上的数字代表有多少个 1000，百位上的数字代表有多少个 100，十位上的数字代表有多少个 10，个位上的数字代表有多少个 1。
这样，总共有多少铅笔就一目了然啦！
铅笔

上下求索● EXPLORATION

拨动珠子计算

撰文：波奇

算筹计算延续了一千多年，
然后人们又在算筹的基础上发明了算盘。算盘是用算珠代替算筹，穿算珠的档相当于数位。使用算盘，配合口诀通过拨动算珠进行计算，叫作珠算。珠算和筹算一起并用了两三百年，到明朝时，由于珠算更高效方便，被大大普及，最终完全替代了筹算。

如今虽然已经进入电子计算机时代，但算盘仍然发挥着作用，在许多行业里仍然能看到算盘和珠算的身影。因为在打算盘时，需要手、眼、脑的密切配合，能够锻炼思维能力，所以算盘除了用来计算，还被用来开发大脑。

通过数字比大小

撰文：豆豆菲

就像在年级顺序上，小学一年级比幼儿园大班更高，初中一年级比小学六年级更高一样。

对于不同位数的数，最小的百位数比最大的十位数更大，而最小的千位数也比最大的百位数更大。

我们接着来比一比 3078 和 3108 这两个数。
3108
3078
千 百 十 个
3 0 7 8
这两个数的位数一样，该怎么办呢？
同样地，首先还是将两个数按照数位的顺序来对应摆放。
3 1 0 8
既然直接比较位数行不通了，我们就来看具体的数字，当然要从最高位开始看，最高位上的数字影响是最大的。
千 百 十 个
3 0 7 8
3 1 0 8

因此，在位数相同的情况下，我们需要从高到低依次来比较每个数位上的数字大小，在比较中一旦一方出现了更大的数字，这个数整体就会更大。

上下求索 EXPLORATION

除了进行两两比较，在出现多个数时，我们还可以将这些数按照从大到小或者从小到大的顺序进行排序。

我们先把它们放进写有数位的表格中。

面包店	千	百	十	个
日日鲜		5	1	5
一点甜		6	2	7
香喷喷			9	8
安 心		3	8	1
麦 麦	1	2	3	4

只有麦麦的票数达到了四位数，按照刚刚所说的，数位越多数值越大，因此麦麦的票数最多！

面包店	千	百	十	个
麦 麦	1	2	3	4

面包店	千	百	十	个
麦 麦	1	2	3	4
一点甜		6	2	7
日日鲜		5	1	5
安 心		3	8	1

还有几家达到了三位数，它们百位数上的数字大小依次是6、5、3，因此票数由多到少依次是一点甜、日日鲜和安心。

面包店	千	百	十	个
麦 麦	1	2	3	4
一点甜		6	2	7
日日鲜		5	1	5
安 心		3	8	1
香喷喷			9	8

最后，香喷喷的票数只有两位数，因此是得票数最少的。

7526
25706
61350
61309
现在，轮到你来试一试了！7526和25706、61350和61309哪个更大？表格中的山峰，你可以按照由高到低的顺序来排列吗？

山峰名称	高度 / 米
冈仁波齐	6656
云台山	1297
贺兰山	3556
泰山	1524
珠穆朗玛	8848
梅里雪山	6710
长白山	2691

不只有整数

撰文：豆豆菲、波奇

在数的世界里，我们会最先认识整数，一块豆腐、一杯牛奶、两根香蕉、两个苹果，这里面出现的全都是整数。但整数与整数之间，还藏着许许多多的小数！

之前去买豆腐的时候，把一块 1 千克的豆腐切成两块 0.5 千克的豆腐，这个“0.5”就是一个小数。整数 1 和整数 2 之间也藏着很多个小数，比如“1.1”就是一个小数。你发现了吗，“1.1”和“0.5”这两个数中都有一个“点”，它有一个名字，叫作“小数点”。

小数点把一个小数分成两个部分，左边的是整数部分，右边的是小数部分。只要包含小数部分，这个数就是一个小数。

▶延伸知识

小数怎么读呢？

看到一个小数，你需要先照常读出小数点左边的数，接着读“点”，然后再依次说出右边的每个数，比如 1.1 就读作一点一，11.11 就读做十一点一一。

小数的“数位”

我们把 1 平均分成 10 份，每份就是 0.1，这就是小数点后的第一位——十分位。我们再把0.1 平均分成10份，每份变成了0.01，这就是小数点后的第二位——百分位。当看到小数时，可以先将整数部分和小数部分分开看。比如“3.5”这个数，我们可以看出它的整数部分是 3，小数部分是 0.5，也就是说这个数由 3 个 1 和 5 个 0.1 组成。

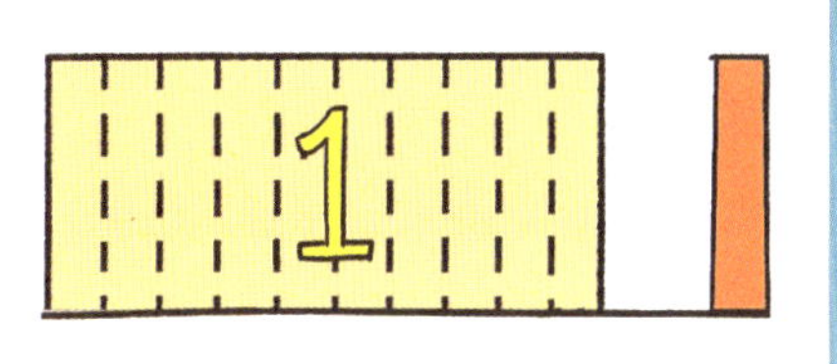

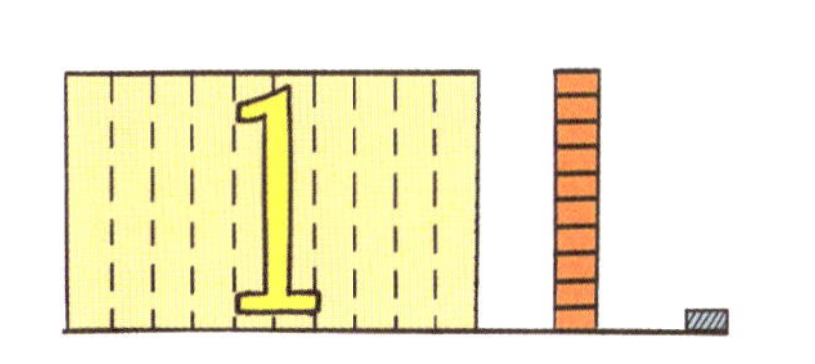

小数的大与小

要比较小数的大小，我们需要先比较整数的部分，只要整数部分大，整个数值就会更大。有些数的小数部分看着“很大”，但你要始终记得，小数部分数位所代表的数量很少，最大也不会超过 1，所以要先看整数部分，不要被小数部分所干扰。你看，12.1 就比 8.89 要大。

如果整数部分的数一样大就要先比较十分位，如果十分位上的数字不一样，那么数字大的，这个小数就大些。如果十分位上的数字一样，那就依次往后比较，只要一方的数位上出现了更大的数字，这个数就会更大。0.1 比 0.099 大，即使后面的数位延伸也无法改变这一点。

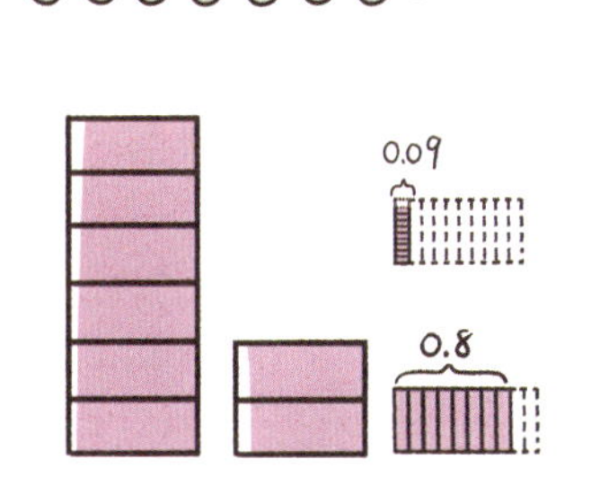

为什么需要运算

撰文：Spacium

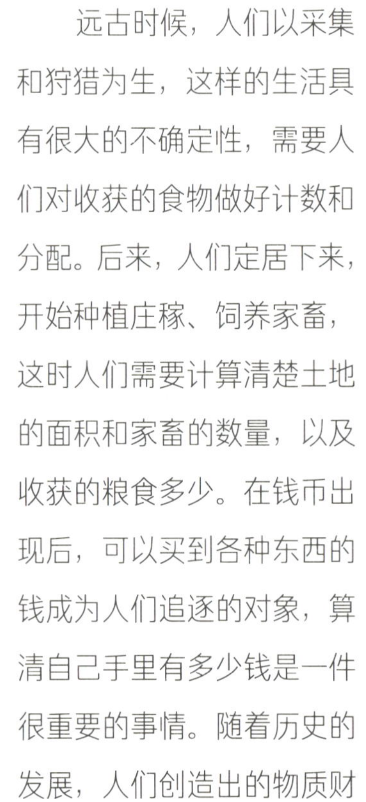

远古时候，人们以采集和狩猎为生，这样的生活具有很大的不确定性，需要人们对收获的食物做好计数和分配。后来，人们定居下来，开始种植庄稼、饲养家畜，这时人们需要计算清楚土地的面积和家畜的数量，以及收获的粮食多少。在钱币出现后，可以买到各种东西的钱成为人们追逐的对象，算清自己手里有多少钱是一件很重要的事情。随着历史的发展，人们创造出的物质财富不断增加，这个过程中，人们也在进行着越来越复杂的运算……

想想看，在生活中，你是不是也经常需要用到运算呢？去帮妈妈买菜的时候，需要用到运算，这样才不会多花钱；收到压岁钱的时候，也要用到运算，这样才能知道自己手里有多少钱；吃零食的时候，你也会无意地用到运算……你看，运算在我们的生活中有着多么重要的作用啊！

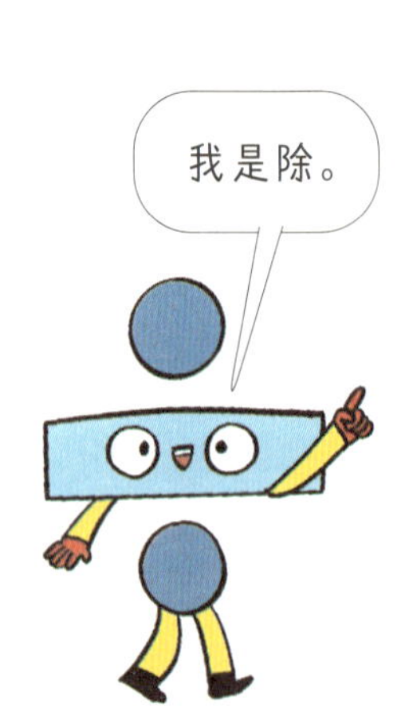

公平的等号

运算中离不开等号，公平的等号不会让它两边的数值变得不一样大……

撰文：豆豆菲

那么，2加3等于多少呢？
通过计算，可以得到2加3等于5。
列式子的目的是在等号右边得出计算的结果，左右相等时，算式就可以变成一个等式。

无论谁在前、谁在后，加起来之后各个数总会合到一起，因此我们可以交换加号前后数的位置。
交
换
律
两个数相加，无论按什么顺序来写，计算的结果都是一样的，这叫作交换律。

主编有话说

两个数相加，交换这两个数的位置，和不变，这就是加法交换律。举个例子来说，1+2=2+1。除加法以外，乘法也有交换律，即乘法交换律。也就是说，两个数相乘，交换这两个数的位置，积不变，比如1×2=2×1。

图形感知

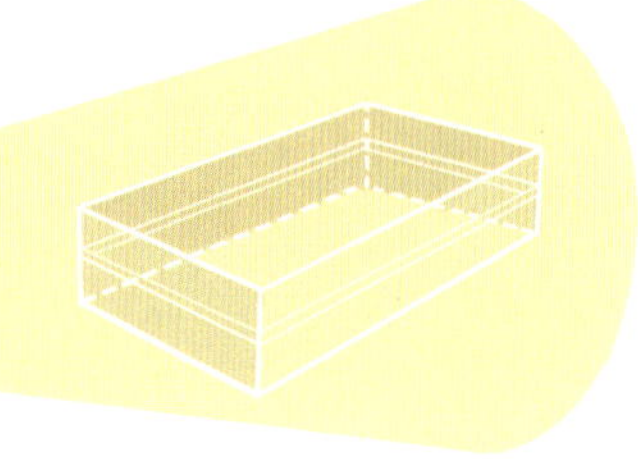

——与生俱来的能力

撰文：豆豆菲

在数学里，除了数以外，还有同样重要的图形，你在生活中一定经常看到它们。

▶延伸知识

《几何原本》

欧几里得被称为"几何之父"，他所著的《几何原本》在世界上一直有着不可撼动的地位，被广泛地认为是历史上最成功的教科书。《几何原本》成书于公元前300年左右，在明末传入中国。当时，明朝的科学家徐光启和意大利传教士利玛窦共同翻译了《几何原本》，成为中国数学史上的一件大事。

我们身边一直围绕着各种各样的图形，有的图形我们可以叫出它们的名字，有的图形我们可以感知到它们的独特和美丽。其实，对于图形的感知是人与生俱来的能力。人们喜欢富有规律和美感的图形，并通过边、角、面之间的关系来深入研究它们。研究图形的位置关系与数量关系的学科又被称作几何。古希腊的著名哲学家柏拉图相信几何学中蕴藏着现实世界潜藏的神圣真理，要求他的学生必须学习几何。他的学生，著名数学家欧几里得编写了《几何原本》一书，推导证明了几何图形间的各种关系，是一部极为伟大的数学著作。

几何原本
嗨，我是镜头，欢迎随我一起去观察世界！

给平面图形“拍照”

撰文：波奇

平面图形是平的，没有厚度。照片上、纸上的图形就是平面图形，你在课本上看见的三角形、正方形等，这些都是平面图形。快来和我一起，给平面图形拍个照吧！

由三个角和三条直边组成的平面图形是三角形。三角形也是个大家族，里面有三条边都相等的等边三角形，两条边相等的等腰三角形，还有直角三角形、锐角三角形和钝角三角形呢。

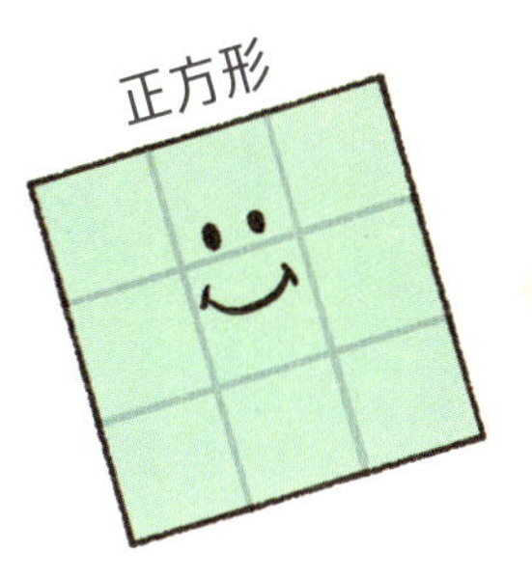

正方形由四条直边组成，是四边形。正方形的四条边的长度都相等、四个角的大小也相等。

一个四边形，其四个角大小一样，相对的两条边长度相等，这样的四边形是长方形。正方形就是一种特殊的长方形。

圆形是由弯曲的线条构成的。正中间的点叫圆心，圆心到曲线上每一点的距离都是相等的，这个距离叫作半径。

延伸知识

今天来拍照的，还有其他的平面图形。有两组对边分别平行且相等的平行四边形，还有像梯子一样的梯形，还有由五条边组成的五边形、由六条边组成的六边形……原来，平面图形竟然有这么多种呢！

多样的立体图形

撰文：豆豆菲

和平面图形不同，立体图形在我们的生活中更加常见，它们可以被摸到、拿到，甚至是可以被吃掉的！

现在各种立体图形都闪亮登场了，请它们分别做一下自我介绍吧！

我的各个面都是正方形，我叫正方体。数一数，我有6个面、12条棱和8个顶点。
生活中的骰子、魔方和一些盒子都是正方体。

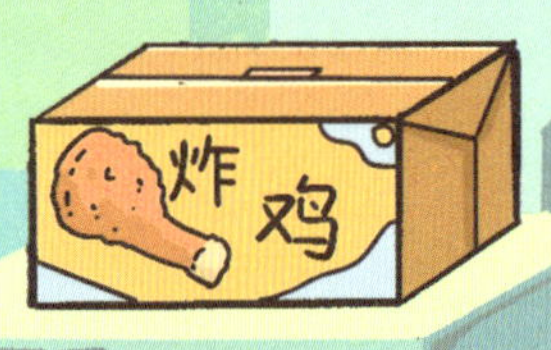

我的各个面都是长方形，我叫长方体。我也有6个面、12条棱和8个顶点。
生活中的长方体实在是太多了，书本、柜子、各种各样的盒子，都是长方体。

看起来大家都
“棱角分明”啊！
我的各个面都是三角形，我叫三棱锥。我的头看起来是尖尖的，锥就是尖的意思，名字中的三棱指的是头顶周围的三条棱。实际上，我有4个面、6条棱和4个顶点。
三棱锥形状的东西并不多，好吃的粽子是三棱锥形的，还有一些饰品会设计成三棱锥形。
上下求索
EXPLORATION

我由一个圆形平面和一个曲面构成，我叫圆锥（圆锥体）。
沙堆、漏斗、铅笔头、冰激凌蛋筒……都类似于圆锥。
我是圆锥的朋友，我由两个相同的圆面和一个由长方形弯曲而成的曲面构成，我叫圆柱（圆柱体）。我常常被用作建筑的立柱结构。
此外，水杯、水桶，还有卫生纸卷……都是圆柱体。
上下求索
EXPLORATION

这几个立体图形逐渐变“圆滑”了。
我是圆锥和圆柱的朋友，我由一个曲面构成，我没有棱，也没有顶点，无论在哪个方向看，都能得到一个圆，我叫球体。
地球、足球、玻璃球，这些物品虽然大小不一，但都是球体，很多水果也都很像圆圆的球体。
上下求索
EXPLORATION

万物有尺度

撰文：庄丽

“会当凌绝顶，一览众山小”，在高高的山峰上，可以饱览周围的景色。
“逝者如斯夫，不舍昼夜”，滚滚的流水总让人们感慨时间的飞逝。
“苹果如灯树上悬”……哎呀，它要掉下来了！

什么是尺度?

在感慨山有多高时，我们会提到山的高度，不同的山有不同的高度，它们在空间上延伸。在感叹时间流逝时，我们需要感知时间的变化，做不同的事情需要不同长短的时间，它们在时间上延续。苹果在树枝上越长越大，越来越沉，也就是苹果的质量在逐渐变大。地球上的每种东西或轻或重，都有自己的质量……

对于同一个事物，我们可以从不同的角度去认识它，每个角度都可以为我们的了解和观察提供有用的信息。你看，这些信息往往由数值和后面的单位所组成，它们构成了我们认识事物的尺度。

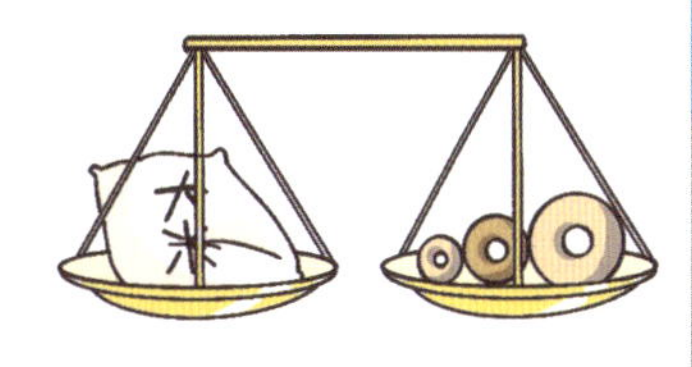

主编有话说

世间万物各不相同，而我们一旦把它们的特征提取出来，事物之间就有了共通的地方，我们就可以更好地进行观察和比较，这就是尺度的作用。生活中常见的尺度有长度、高度、质量、时间等，我们也有专门的测量工具，比如直尺、卷尺、天平、钟表等。在我们的生活中，尺度无处不在，你一定可以找到它们的踪影和痕迹。

把“你”放在世界里

撰文：豆豆菲

尺度存在于这个世界的每个角落，只要你仔细观察，就可以发现它们。现在，把“你”放在这个世界里，一起去感受一下世界里的尺度吧！

上下求索
EXPLORATION

现在你觉得自己是快是慢、是大是小呢？
经过这些比较，可能你不但没有想清楚，反而更加迷糊了。这很正常，而我想要告诉你——大小是相对的。

“一沙一世界”，那些在我们看来很小很小的东西里也有着丰富的构成。“渺沧海之一粟”，在我们看来很大很大的地球，放在宇宙里也只是像一粒尘埃那样渺小。

因此，我们无法单独地判断一个事物是大还是小，我们需要设定标准和参照物，进而才能做出比较。
在这个过程中，单位起到了很大的作用。有了统一的单位作为标准，我们就可以将大小、多少、轻重、快慢等用精确的数值描述出来。
希望测量和单位可以帮助你更好地认识自己，探索世界！咱们生活中见！
米
厘米
5640
106
5400000000 cm
100

COLUMN

青出于蓝

我们从小到大都在学习数学，
有的人觉得数学十分有趣，
有的人却觉得这门学科很枯燥。
本次，我们请来了郭柏灵院士，
来为我们的小读者解答一些疑惑，
我们一起去看一下吧！

郭柏灵院士

中国科学院院士，中国“两弹一星”伟大工程的重要参与者，著名的应用数学、计算数学专家，长期从事非线性分析和计算数学的研究工作，曾获得国家自然科学一等奖、国防科工委科学技术一等奖、中国光华科技二等奖。

数学是怎么支配宇宙的？

答 我认为，不能只把数学作为一门学科去看待。“数学”是很宏大的，数学起源于生活，你也可以在生活各处发现数学。简而言之，数学即生活，许多伟大的数学家很早就认识到了这一点。

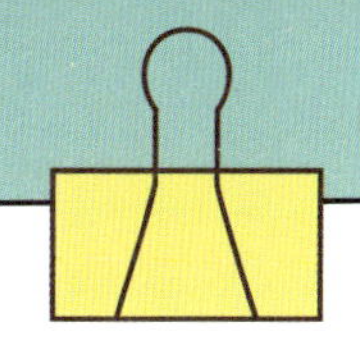

毕达哥拉斯

古希腊著名的数学家、哲学家：“数学支配着宇宙。”

毕达哥拉斯用简简单单的七个字，向我们揭示了数学的重要性。数学用简单纯粹的数字符号和空间形式研究着这个复杂世界。在数学里，无论是庞大的宇宙，还是渺小的日常，一切都变得富有逻辑。数学以它自己的方式“支配”着宇宙，也“支配”着每一个人，数学是一套精密的逻辑工具，它使人拥有严谨的逻辑思维，使人能在错综复杂的事物中抓到关键。

华罗庚

中国著名数学家：“宇宙之大，粒子之微，火箭之速，化工之巧，地球之变，生物之谜，日用之繁，无处不用数学。”

华罗庚的这句话，很直白地把需要数学的领域展示在了我们的面前。数学的范围很大很大，是包罗万象的，许多领域的研究离不开数学。哥德尔不完整性定理是重要的数理逻辑定理，著名宇宙学家霍金就基于此发表了建立一个单一的描述宇宙的大统一理论是不太可能的推测。这样说你或许就懂了，大到研究宇宙，小到买东西时讨价还价，数学都在支持着我们。

M. 克莱因

美国数学史家、数学教育家、应用物理学家：“音乐能抚慰情怀，诗歌能动人心弦，绘画能使人赏心悦目，哲学能使人获得智慧，科技可以改善物质生活，数学能够提供以上一切。”

很多人都觉得数学是一门枯燥、乏味的学科，可是当你真正走进数学的世界之后，你会发现，数学其实是绽放在宇宙中的一束美丽的花。数学中蕴含着美，不然仰韶人为什么会在彩陶上绘制那么多的几何图形呢？举个例子来说，你一定听说过“对称美”这个词，而“对称”正是数学中的知识。数学又是充满智慧的，无论是简洁的公式，还是严谨的推理，表现出来就是统一、简单与和谐。人们可以在这些公式里、推理中，找到解决问题的途径和办法。而数学，抑或者可以说数学技术，是众多科学技术的基础和前提，数学和科学是密不可分的，数学的发展为科学的发展提供了无限的可能，从而带动了人类社会的发展，推动了人类文明的前进。所以你看，数学真的是“万能”的。

THINKING
头脑风暴

撰文：波奇

01 数一数，这里面一共有几块白色巧克力？（　）

A.3 块

B.4 块

C.5 块

一年级　数学

02 图里是一个小学合唱队，你看看，是男生多还是女生多？（　）

A. 男生多

B. 女生多

C. 一样多

一年级　数学

03 水面上有 6 只白天鹅，7 只小黄鸭，那么水面上一共有多少只小动物呢？（　）

A.6

B.7

C.13

一年级　数学

04 王奶奶今年 68 岁，比刘奶奶大 3 岁，你猜猜，刘奶奶今年多少岁呢？（　）

A.71

B.63

C.65

二年级　数学

05 正方形的所有边长加起来就是它的周长，已知正方形一边的边长是 4 厘米，那么它的周长是多少厘米呢？（　）

A.16

B.12

C.8

三年级　数学

06 数一数，这里一共有几个三角形？（　）

A.1 个

B.2 个

C.3 个

四年级　数学

07 比大小：5+4（　）4+5

A. ＞

B. ＜

C. ＝

四年级　数学

08 比大小：2.96（　）2.93

A. ＞

B. ＜

C. ＝

四年级　数学

09 你看，这个快递盒子是什么图形呢？（　）

A. 长方形

B. 圆柱

C. 长方体

五年级　数学

10 有很多人都喜欢踢足球，那足球是什么图形呢？（　）

A. 球体

B. 圆形

C. 圆柱

六年级　数学

名词索引

头脑风暴答案

1.C
2.B
3.C
4.C
5.A
6.C
7.C
8.A
9.C
10.A

致谢

《课后半小时 中国儿童核心素养培养计划》是一套由北京理工大学出版社童书中心课后半小时编辑组编著，全面对标中国学生发展核心素养要求的系列科普丛书，这套丛书的出版离不开内容创作者的支持，感谢米莱知识宇宙的授权。

本册《万能数学 探索世界的工具箱》内容汇编自以下出版作品：

[1]《这就是数学：数量与数字》，北京理工大学出版社，2023 年出版。

[2]《这就是数学：计量单位》，北京理工大学出版社，2023 年出版。

[3]《这就是数学：小数与分数》，北京理工大学出版社，2023 年出版。

[4]《这就是数学：几何图形》，北京理工大学出版社，2023 年出版。

[5]《这就是数学：数的运算》，北京理工大学出版社，2023 年出版。

[6]《奇思妙想一万年：科学与发现》，北京理工大学出版社，2021 年出版。

[7]《进阶的巨人》，电子工业出版社，2019 年出版。

图书在版编目（CIP）数据

万能数学：探索世界的工具箱 / 课后半小时编辑组编著. -- 北京：北京理工大学出版社, 2023.8（2024.9 重印）

ISBN 978-7-5763-1922-4

Ⅰ. ①万… Ⅱ. ①课… Ⅲ. ①数学—少儿读物 Ⅳ. ①O1-49

中国版本图书馆CIP数据核字(2022)第242201号

出版发行 / 北京理工大学出版社有限责任公司
社　　址 / 北京市丰台区四合庄路6号
邮　　编 / 100070
电　　话 /（010）82563891（童书出版中心）
网　　址 / http://www.bitpress.com.cn
经　　销 / 全国各地新华书店
印　　刷 / 雅迪云印（天津）科技有限公司
开　　本 / 787毫米×1092毫米　1/16
印　　张 / 3
字　　数 / 80千字
版　　次 / 2023年8月第1版　2024年9月第3次印刷
审 图 号 / GS京（2023）1317号
定　　价 / 30.00元

责任编辑 / 陈莉华
文案编辑 / 陈莉华
责任校对 / 刘亚男
责任印制 / 王美丽